DESARROLLO SUSTENTABLE
Y
CONCIENCIA AMBIENTAL

LUIS CHESNEY LAWRENCE

2012

Luis Chesney Lawrence
DESARROLLO SUSTENTABLE
Y CONCIENCIA AMBIENTAL

1ª. Edición, 2012

Eco - Ed Publicaciones (ONG)

Diseño y organización: Seraidi Chesney Sosa

ISBN-13: 978-1479370016
ISBN-10: 1479370010

Dep Legal: lf06820117002641

On-Demand Publishing (ODP):

Made in the USA, Charleston, SC

Portada: Telón de boca, Tapiz de Luis Montiel.
Teatro Bellas Artes. Maracaibo. Venezuela.

INDICE

PRESENTACIÓN

Los problemas del ambiente y del desarrollo tienen larga data en América Latina, no es difícil apuntar que desde los años cincuentas ya figuran en algunas agendas nacionales. Las políticas económicas han afectado esta situación, el poder y el capital ha ido ganado este desafío, las elites urbanas también han hecho lo propio y el resultado es que no ha habido desarrollo, ha aumentado la pobreza y se ha deteriorado el ambiente.

En 1972, cuando aparece el libro sobre los límites del desarrollo y se realiza la Conferencia sobre al ambiente humano esta realidad se hace palpable fehacientemente. Aquí ya se especifica con claridad que la cantidad de los recursos y el ritmo de su deterioro es insustentable. Los recursos naturales son finitos, muchos no son renovables aunque algunos son sustituibles, pero la situación de los ecosistemas se torna crítica.

En 1992, la Cumbre de Río resume esta estado de cosas hablando del desarrollo sustentable, lo que según el informe Brudtland (1987), sería aquel desarrollo *"que satisface las necesidades del presente sin dañar la capacidad de las futuras generaciones para satisfacer sus propias necesidades"* (Chesney, 2012). En este libro se presenta una selección de artículos publicados que dicen relación con el desarrollo sustentable, la concientización ambiental y la educación en este nuevo escenario.

En relación con el desarrollo sustentable, se seleccionaron tres artículos relacionados con el tema. Primero, una reflexión sobre su existencia como un nuevo paradigma. A veinte años después de la Conferencia de Estocolmo de las NU, el tema ambiental sigue ocupando un lugar preponderante en la agenda internacional, razón por la cual se convocó a una Cumbre Mundial en Brasil (1992), que estuvo dedicada a examinar justamente estas nuevas realidades y las relaciones del desarrollo con el ambiente. En este evento adquirió sello oficial el concepto del desarrollo sustentable (sostenible o durable), el cual dada la proyección que ha alcanzado, ha sido considerado por muchos como un nuevo paradigma. Este artículo examina las características de nuevo paradigma que surge desde las fronteras sociales y ambientales, examina las relaciones ambiente-desarrollo, así como también la búsqueda de una base para que actúen coordinadamente el mundo industrial y los países en desarrollo, reconociendo que tienen necesidades mutuas e intereses comunes; también será relevante considerar el desarrollo de los países industriales y su incidencia en los grandes problemas ambientales, como son el calentamiento global y la interferencia de los actores políticos e industriales en su devenir de estos últimos años. Luego, se reflexiona sobre los avances que se habían obtenido luego de los primeros 10 años de la Cumbre de Río y, finalmente, su incidencia en Venezuela, preguntándose qué pasó con este desarrollo sustentable.

Sobre el gran tema de la concientización ambiental, el artículo que lleva este nombre, ahonda en las ideas que sobre el tema dejó Paulo Freire (1921-1997), consideradas como una etapa relevante para la educación y liberación del hombre, las cuales han sido ampliamente divulgadas en toda Latinoamérica y más allá de sus fronteras. En su teoría de la "pedagogía del oprimido" se estudian las diferentes fases por las que pasa su esfuerzo educativo y, a la vez, en el proceso de toma de conciencia de los problemas que lo rodean. Con el tiempo, estas mismas ideas también han probado ser útiles en otros campos de estudio como lo han sido la crítica literaria, en general, y otras actividades de relevancia cotidiana para las comunidades.

En este artículo se presentan en primer lugar, el marco teórico que en que se concibe la concientización de Freire, muy poco conocido -por no decir, desconocido-, siendo esta parte un aporte teórico significativo del equipo que lo trabajó y, luego, se presentan dos casos de estudio aplicados a la resolución de problemas ambientales con esta metodología, para los cuales se formuló un modelo operativo que se aplicó en varias comunidades.

En relación con la educación en un contexto del desarrollo sustentable, se retoman los acuerdos de la cumbre de la Tierra, en 1992, para exponer que se pone de manifiesto que no podrá haber futuro cierto si el ambiente se deteriora y destruye -porque esta es la base material de la vida-, e igualmente, ocurrirá si no se solucionan los problemas de la pobreza, sanidad, ignorancia o tiranías que persisten en el mundo actual.

La construcción del desarrollo sustentable se efectuará entre las tensiones que se presentan entre estos campos de las necesidades humanas básicas, la competitividad, el comercio y una deseable información para todos los ciudadanos, políticos, líderes y responsables de la toma de decisión. Por esta razón, destaca el rol de la educación para un desarrollo sustentable y cómo se piensa, ha de ser para contribuir a su éxito.

Los editores

Referencia.

Chesney Lawrence, Luis (2012). *Lecciones sobre el desarrollo sustentable*. CreateSpace ODP (www.amazon.com).

EL DESARROLLO SUSTENTABLE: ¿UN CAMBIO DE PARADIGMA?

INTRODUCCIÓN

En respuesta a las presiones internacionales que sobre el ambiente se venían reconociendo desde los años sesenta, las Naciones Unidas preparó una Conferencia sobre el Ambiente Humano (Estocolmo, 1972). Sus resultados impulsaron una serie de eventos internacionales sobre los problemas ambientales globales y condujeron a la creación del PNUMA, organismo internacional que se ha dedicado a promover mejoras en el medio ambiente. En los años ochenta, esta discusión continuó ampliándose, a tal punto que fue necesario efectuar una investigación sobre la gravedad de este problema, cuya responsabilidad recayó en la Comisión Mundial sobre el Desarrollo Ambiental. Su informe final constituye el denominado informe Brundtland (también denominado Nuestro Futuro Común), que llamó a tomar acciones políticas decisivas en torno al crecimiento económico, el desarrollo y el ambiente.

Veinte años más tarde de Estocolmo, el tema ambiental ocupó un lugar preponderante en la agenda internacional, por lo que se convocó a una Cumbre Mundial en Brasil (1992), dedicada a examinar justamente estas nuevas realidades y relaciones del desarrollo con el ambiente.

En esta Conferencia adquirió sello oficial el concepto del desarrollo sustentable (sostenible o durable), el cual dada la proyección que ha alcanzado, ha sido considerado por muchos como un nuevo paradigma.

El desarrollo sustentable: un nuevo paradigma

A diferencia de otros paradigmas que se han conocido en la historia de los procesos sociales, el desarrollo sustentable no es el resultado de una elaboración teórica ni de investigaciones especiales, como tampoco es un paradigma de las ciencias, sino que es el producto de una sentida necesidad social de cambio, ante una terrible encrucijada ambiental que ha tenido que soportar la sociedad como producto de un estilo desarrollo despilfarrador.

En este sentido, todo lo dicho en el informe Brundtland y los nuevos conceptos que se han añadido en el camino tienen validez por lo que expresan y, muy especialmente, por la reflexión que sus observaciones despiertan.

Sus explicaciones han venido saturando la literatura ambiental y esto ha multiplicado la cantidad de informes y documentos de gobiernos y de la comunidad en general, lo cual ha contribuido a otorgarle un cierto valor decorativo y publicitario, dejando de lado sus principales preocupaciones.

Se puede decir que en la naturaleza existen controles implacables que han modelado su evolución, las especies han sobrevivido en virtud de su capacidad de adaptarse, nada parece sobrar, todo se aprovecha y nada aparentemente se despilfarra, los ecosistemas evolucionan aprovechando todas las oportunidades que les brinda el medio hasta estabilizarse y lograr un equilibrio. En esta visión, la cultura humana altera estas adaptaciones produciendo desequilibrios, los cuales son hechos para su propio beneficio. Por esto, la sociedad contemporánea representa también un sistema desequilibrado y su desarrollo se mide justamente por esa capacidad transformadora del hombre. De ahí que una de las tareas de la ciencia y la cultura sea la de transformar esta tendencia al uso desmedido por otra que se oriente hacia el manejo, a darle importancia prioritaria a las necesidades humanas, y en donde la transformación pueda tener un adecuado control por parte de la propia sociedad.

La naturaleza interdisciplinaria del tema, así como la universalidad de su alcance y la urgencia por encontrar soluciones ponen sobre la mesa un significativo reto a la comunidad internacional.

Las relaciones ambiente-desarrollo
Uno de los temas más relevantes en esta discusión dice relación con la naturaleza que establecen las relaciones ambiente-desarrollo, así como también por la búsqueda de una base para que actúen coordinadamente el mundo industrial y los países en

desarrollo, reconociendo que tiene necesidades mutuas e intereses comunes.

Desde el punto de vista del desarrollo sustentable aparecen tres formas que se relacionan con ambiente y desarrollo. La más relevante es la que relaciona pobreza con presión demográfica y desarrollo, la otra sería la que conforman los diferentes esquemas de crecimiento, patrones de consumo y sus efectos sobre el ambiente. La tercera tiene que ver con la dimensión financiera internacional, con los problemas de la deuda externa, el deterioro de los términos de intercambio comercial y los flujos financieros.

1. La relación entre pobreza, presión demográfica y desarrollo es, sin duda, la más importante en nuestro contexto. La Comisión Sur, en su informe Los Desafíos del Sur, ha expresado que "el Norte es responsable por la gran parte del deterioro ambiental debido a sus estilos de vida despilfarradores. Sin embargo, la pobreza es también una gran depredadora del ambiente y, por tanto, una estrategia efectiva para aliviar la pobreza es la

de proteger el ambiente".A este nivel, parece estar claro que desarrollar el potencial económico de los países pobres es un prerrequisito inexcusable para luchar contra la pobreza, especialmente en el campo de la mujer a quien mayor afecta la pobreza, junto a sus hijos.

2. La segunda relación es la relativa a los patrones de crecimiento, consumo y deterioro ambiental. De acuerdo con informaciones de Naciones Unidas sobre las tendencias de estos patrones durante los últimos treinta años (1960-90), indican que el producto bruto per capita en los países desarrollados, tomados en su conjunto, ha crecido de USD 556 a USD 980, y en los países menos desarrollados éste ha sido menor un 5% que el de 1970, es decir, que prácticamente se ha estancado. Aunque el crecimiento económico es un factor importante para aliviar la pobreza y la degradación ambiental, su sólo aumento no es suficiente, porque la pobreza no podrá aliviarse simplemente por una acción de transferencia o redistribución de ingresos. Debe haber, necesariamente, una contribución

tangible al desarrollo humano, tal como lo es el acceder a una vivienda, educación, salud, seguridad o tener empleo. Todas estas legítimas aspiraciones son necesidades humanas que se reclaman con urgencia.

3. La tercera relación se refiere a la dimensión internacional del desarrollo, esto es, a los problemas de la deuda externa, deterioro del comercio y a una reversión del flujo de recursos financieros. Se ha estimado que como resultado del pago del servicio de la deuda, del limitado acceso a los mercados y la caída en los .precios de las mercancías, el flujo de capitales desde los países en desarrollo a los desarrollados alcanza a unos USD 60 mil millones por año, situación que debería revertirse con el fin de establecer medidas efectivas para la conservación ambiental y el desarrollo sustentable.

Por tanto, al destacar estas relaciones entre ambiente y desarrollo, lo que se hace no es más que mostrar una realidad bien conocida, cual es que las medidas ambientales solas, sin resolver los principales problemas del desarrollo, difícilmente podrán tener efectos.

¿Cómo lograr, entonces, el reto de proteger el ambiente y al mismo tiempo avanzar en el desarrollo? -Está claro que esta función ya no puede dejarse sólo en manos de los Estados o de los gobiernos. Deben incorporarse a cada segmento de la sociedad, a cada organización y a cada individuo hasta constituir una amplia red de acciones que hagan esto factible. A nivel general se planificaron una serie de acciones, entre las que destacan las de investigación y recopilación de información, denominada Carta de la Tierra, como también la Agenda 21, detallado plan de acción a implementar en este nuevo siglo. Desde el punto de vista financiero se ha establecido el Fondo para el Medio Ambiente (GEF) con USD 1.300 millones para financiar proyectos que solucionen problemas ambientales globales. Igualmente, en lo político se piensa establecer un Consejo del Medio Ambiente que controle a los países en su cumplimento de las metas del desarrollo sustentable.

Naturalmente, las opciones políticas son importantes y en esto debe decirse que en realidad no existen soluciones simples ni rápidas y que siempre se irán abriendo nuevos desafíos, por eso hay una inclinación a pensar que el desarrollo sustentable no es un objetivo final, sino un proceso que debe iniciarse lo más pronto posible para que abra perspectivas reales de beneficios.

A DIEZ AÑOS DE LA CUMBRE DE RÍO

INTRODUCCIÓN

Las noticias del mundo ya comienzan a hablar de la próxima Cumbre del Mundo sobre Desarrollo Sustentable, a realizarse en Johannesburgo entre el 2 al 11 de Septiembre de 2002, heredera de la famosa Cubre de Río de hace una década atrás. Mientras los técnicos, inversionistas, políticos y otros asomados se mueven tras bastidores inventando todo tipo de argumentos para justificar lo injustificable. Por qué, ¿cómo explicar que en estos diez años no haya habido progreso significativo en relación con el ambiente? ¿Cuáles son los avances, especialmente entre los países de mayor responsabilidad en esto? ¿Y entre los países subdesarrollados? No es fácil explicar tanta ineficiencia manifiesta, porque cualquiera que se haga estas preguntas no encuentra claves para sus respuestas.

El calentamiento global en la encrucijada

Durante todo el siglo XX las economías del mundo han estado dependiendo fuertemente de los combustibles fósiles como su principal (y única hasta ahora) fuente de energía, pero esta realidad, barata las más de las veces, ha tenido un precio más alto que su costo, el calentamiento del mundo, o cambio climático como también se le denomina. El calentamiento de la atmósfera debido al efecto invernadero que se produce con las emisiones de gases ha ido en aumento más rápido de lo que los científicos habían previsto. Y aunque esto ya se sabía por todos los sectores involucrados desde antes de Río-92, el problema ha estado en que aún estos mismos actores no se ponen de acuerdo para darle alguna solución. Este ha sido el gran y casi único problema a que se ha abocado el mundo ambiental en estos diez años.

El Panel sobre Cambios Climáticos de Naciones Unidas, especialmente convocado para este efecto, estableció que en el 2001 las temperaturas subieron entre 1.4 y 5.8 grados Celsius, lo cual se traducirá en importantes daños a los sistemas humanos, económicos, al hábitat y a las infraestructuras productivas, como ya se está observando con las grandes catástrofes naturales que ocurren en el mundo. Las actividades humanas han aumentado la concentración del dióxido de carbono en un 30% sobre los niveles que existían en la era preindustrial, hace trescientos años. Este es el gas más complicado de absorber. En Junio de 2001, la Academia Nacional de Ciencia de los Estados Unidos publicó un informe en el que se confirma que el planeta está sufriendo fuertemente un calentamiento global debido a las actividades humanas.

Los esfuerzos por dar una salida a esta situación se pueden decir que han sido significativos a partir del Protocolo de Kyoto en 1997, el cual hace un llamado a las naciones industrializadas para disminuir este efecto a partir del establecimiento de límites a las emisiones de los gases del efecto invernadero. Todo este esfuerzo era para tratar de reducir tan sólo un 5% tales emisiones de los niveles que tenían para 1990. Esto no sólo no se cumplió, lo cual ya sería grave, sino que como respuesta a esto, el nuevo Presidente de Estado Unidos, G. Bush Jr, ha puesto el grito en el cielo rechazando en la práctica tal acuerdo, y ha anunciado otorgar cuantiosos fondos para volver a investigar este problema del cambio climático y buscar nuevas tecnologías.

Su rechazo se debe al impacto que esta reducción tendría en la propia economía norteamericana, aunque también objeta la exclusión de países subdesarrollados en tal pacto, citando los casos de India y China (siendo este último el segundo contaminador del globo, del que más adelante se comentan sus avances) como no procedentes. Lo más lamentable de todo esto es que ahora los Estados Unidos están tratando de formar una coalición independiente, alterna a la de Kyoto, o algún mecanismo que no los obligue a cumplir sus metas ambientales.

En la Conferencia realizada recientemente en Julio 2001, en Bonn, el Protocolo de Kyoto obtuvo algo de oxígeno, ya que los delegados de los 180 países reunidos, menos Estados Unidos, acordaron diferir las discusiones en búsqueda de una voluntad política consensual, para lo cual se volverán a reunir en Octubre de 2001 en Marraquech (Marruecos), en donde se retomarán las negociaciones políticas de Bonn con el fin de acoplarlas al de Kyoto.

De manera que ahora la encrucijada se encuentra en que cualquier acción que no considere a los Estados Unidos prácticamente no tendría sentido, por ser este país el más contaminador con gases de invernadero per capita. Esto se complica además porque con la gravedad que ha alcanzado el problema se requieren ahora esfuerzos extras, o de emergencia, para su solución, porque el mundo simplemente no puede pasarse otra década sin hacer nada y seguir intencionalmente contaminando sin control.

El rol de lobby político

Lo que ocurre en el fondo de estos temas, es que un problema ambiental está siendo analizado ahora en forma no ambiental, sino con variables estrictamente económicas, y más que eso, con fines de rentabilidad o de lucro. Aún así, el Protocolo de Kyoto posee un mecanismo de flexibilidad para la negociación de las emisiones que permite canalizar estas peculiares inquietudes. Por medio de este mecanismo se puede permitir, por ejemplo, que países que reduzcan su cuota más de lo pactado, puedan vender este excedente ambiental, bajo la forma de "derechos de emisión", a otros países. Es decir, el esfuerzo y mejoría ambiental que efectúa un país puede ser vendido a otro que no ha cumplido sus metas de saneamiento, sin mayores perjuicios para el Protocolo, porque en la sumatoria final se compensan el excedente de uno con la pérdida por falta de incumplimiento del otro. Con el acuerdo de Bonn además, también se considerarán los llamados "sumideros", especies de extensiones de vegetación, especialmente arbóreos de los países, que son capaces de absorber el dióxido de carbono de la atmósfera que ahora se podrán contabilizar en el cálculo de la absorción de las emisiones. Cada vez se cede más para tratar de salvar el ambiente y la vida y cada vez hay mayores obstáculos a esto.

Mientras tanto en el mundo se perciben ciertos signos de descarbonización de las economías. Se comienzan a observar transiciones industriales del carbón al petróleo, al gas natural, y hacia algunas nuevas tecnologías como las celdas energéticas y otras. Esto también muestra que, a pesar de los obstáculos y de las decisiones de los gobiernos y de los grandes intereses económicos, la realidad está obligando a actuar con sensatez para evitar estos contaminantes que en un futuro no predecible pondrán las cosas mucho más difíciles. Esta es la gran contradicción del proceso, se le rechaza con todo tipo de argumentos técnicos y económicos, pero se le reconocen sus efectos y algunos ya se preparan para el cambio.

Esto significa que, lisa y llanamente, soluciones tecnológicas existen para solventar el problema. Lo que ocurre es que su rendimiento económico es lo que no gusta, vale decir, la rentabilidad de estos cambios no convence o no quieren dar el paso todavía, ahorrándose en este intertanto crítico una buena cantidad de dólares, pero que a futuro su solución será mucho más costosa. Así es la mentalidad de los grandes grupos, económicos y políticos.

Esto es lo que no hace operativo al Protocolo de Kyoto. Sobre esto, dicen los representantes de estos grupos, "los negocios requieren desarrollar más estas tecnologías", o "se necesitan incentivos para absorber estos costos adicionales".

Esto es también lo que postulan los Estados Unidos. A este respecto es bueno recordar que las compañías involucradas en proceso de energía donaron sesenta y cinco millones de dólares a los candidatos de las elecciones norteamericanas en el año 2000. Pues bien, en mayo el Presidente Bush mostró su plan energético nacional, ampliamente apoyado por estas compañías y hace pocos días (Septiembre, 2001) el parlamento de este país aprobó una ley sobre esto, autorizando la apertura de taladros en Alaska, para satisfacción de la industria.

Muchos pensaron entonces, no si razón, que este era un pago electoral.

En realidad su explicación no es tan simple. La opinión de representantes de la industria petrolera norteamericana más bien aclara que "la gente respalda a aquellos que tienen una filosofía similar a ellos". En otras palabras, Bush era el hombre de esta similar filosofía. Sobre las donaciones a la campañas electorales, a diferencia de otro tipo de industrias, las energéticas y petroleras canalizan fuertemente sus donaciones hacia los republicanos, casi cuatro veces más que hacia los demócratas, en cambio las industrias eléctricas lo hacen en menos proporción y los profesionales y otros sectores lo hacen en casi la misma proporción a uno y otro partido.

A otro nivel de análisis, también debe decirse que el problema debería debatirse más con la gente, con los que sufren y sufrirán las consecuencias del deterioro ambiental. Contemplar y sorprenderse desde la lectura de un artículo está bien para comenzar, pero incluso para hacer actuar a los que deben hacerlo, es necesario que actúe la gente misma, que tome posiciones y haga lo que les corresponda hacer en todas las áreas en donde tengan influencia. Tomar acciones significa también entendimiento público, colectivo y respaldo para cambiar estas tendencias porque quiérase o no, estas también implican cambios en la vida diaria de todos y cada uno de nosotros. En esta función son importantes dos cosas, los medios de comunicación, no sólo para informar, sino en el sentido ya descrito; y los otros son los responsables de velar por el ambiente, los cuales deben hablar claro, saber y comunicarse y actuar más efectivamente.

Crecer sin contaminación

El título de esta sección no es una paradoja. Se critica a los países desarrollados por el abultado consumo de fuentes energéticas y de contaminación que producen, pero es que la energía sirve también para que crezcan los países subdesarrollados, y de hecho los países pobres necesitan energía para crecer, en otras palabras, también contaminan. ¿Cuál es la relación, entonces, entre progreso y contaminación?

Hay evidencias de que el progreso y la contaminación no van tomadas de la mano. En la medida que el crecimiento se haga con menor utilización intensiva de combustibles fósiles (o un real cambio), moviéndose a lo que se denomina una economía del hidrógeno, no contaminante, la rata de consumo de energía disminuye mientras se crece. El carbón y el petróleo son las fuentes energéticas que ha utilizado por excelencia la economía mundial, sin excepciones, en los últimos 200 años. En esto es bueno recordar que se ha preferido cambiar el caballo por una moto o un carro de combustión interna y no por una bicicleta u otra forma de movimiento.

Es decir, en esto, todos han sido sumamente conservadores. Se prefiere desarrollar nuevas versiones de esta vieja tecnología contaminante que buscar nuevas fuentes alternas. Esto también tiene que ver con los países subdesarrollados, porque ya existen países latinoamericanos (Brasil, India y Argentina, entre otros), en donde el transporte colectivo se realiza con motores a gas. Brasil ya ha diseñado un plan para pasar al desarrollo sustentable, eliminando gran parte de sus fuentes energéticas basada en el carbón, las que serán sustituidas por fuentes eléctricas (recientemente suscribió un amplio acuerdo en este sentido con su vecina Venezuela). Por esto es que en muchos círculos ambientales y de investigación se habla ya de que el reto del cambio climático producirá la segunda revolución industrial. El caso de China, ya mencionado antes, también es aleccionador. Entre 1997 y 1999, redujo en 17% sus gases de invernadero, eliminando casi todo el dióxido de carbono que emite el Sureste asiático. En este sentido, el reto es común a todos, maximizar los beneficios ambientales que se obtienen, a la vez que minimizando los de reducir y limitar la contaminación.

En definitiva, en estos diez años desde la Cumbre de Río de Janeiro (1992) que tantas esperanzas sembrara, se ha establecido una burocracia internacional que promueven proyectos ambientales, aunque luce evidente que se han incrementado los problema ambientales (aguas, salud, océanos, biodiversidad y otros), hay fuertes signos de unilateralidad por parte de algunas potencias y muy pocas ONG actúan con objetivos claros y precisos a nivel nacional o internacional.

Más información.

World Bussines Council,

www.wbcsd.org/projects/pr_climenergy.htm/

United Nations Framework Convention on Climate Change (Protocolo de Kyoto), www.unfccc.de/

Centro de desarrollo sustentable de las Américas,

www.Csdanet.org/

Panel de cambios climáticos, www.Ipcc.ch/

Centro de información sobre combustibles on-line, www.fuel-cells.org/

Centro para sistemas de energía renovable,

www.solstice.crest.org/

Acceso solar, www.solarcces.com/

Consejo de Energía Mundial, www.worldenery.org/

Cumbre de Desarrollo Sustentable,

www.johannesburgsummit.org/

LCL/as
120901

¿Y QUÉ PASÓ CON EL DESARROLLO SUSTENTABLE EN VENEZUELA?

INTRODUCCIÓN

La Conferencia de naciones Unidas sobre el Ambiente y Desarrollo celebrada en Río de Janeiro en 1992, confirmó la visión del desarrollo sustentable como la nueva vía propuesta por el mundo para avanzar hacia un mejor nivel de calidad de vida, con mayor equidad social, con ética y preocupación por el futuro del planeta. Esta tarea no es fácil. Tampoco las condiciones socioeconómicas actuales en el mundo son las mejores para avanzar en este sentido, pero es un rumbo que no pocos países están enfrentando.

Lograr este objetivo no es fácil por cuanto requiere un nuevo y profundo reordenamiento en la utilización de los recursos, ajustes en los patrones de producción severos, una nueva visión del consumo y, tal vez lo más importante, un real cambio en los estilos de vida, especialmente en los países desarrollados, que abra paso a lo que se ha denominado una mejor calidad de vida.

La situación en Venezuela

En todos los países, en consecuencia, se estudian y formulan las estrategias y mecanismos que permitan acceder a tan ansiado paradigma. Esto significa planificar a diferentes niveles las asociaciones de sectores involucrados en su inicio, incorporar a la sociedad de alguna manera en las decisiones y estudiar con detenimiento aquello que se denomina "las áreas críticas de la sustentabilidad".

En Venezuela, este llamado tuvo en sus inicios un inusitado eco e interés, lográndose un inicio auspicioso en los más altos niveles de gobierno que es uno de los puntos desde donde deben partir estas iniciativas. También la sociedad organizado hizo lo suyo y numerosas ONG nacionales estuvieron pendientes del llamado, esto se podría decir que logró concretar la conservación y preservación de amplios lugares del sur del país en donde finalmente se decretaron las llamadas

Reservas de la Biósfera, atascadas durante años en los escritorios gubernamentales.

Recuérdese que el propio Presidente Rafael Caldera había sido el que a nombre de Venezuela suscribió, antes de la mencionada Conferencia de Río, un documento sobre el futuro de la Amazonía en donde se propugna una solución a su desarrollo especialmente basada en el concepto de su sustentabilidad. Una vez en el gobierno su ex-ministro Asdrúbal Baptista, de fugaz aunque entusiasta pasada por el gabinete y más bien dedicado a explicar el asunto de la renta petrolera, se refirió a este tema con cierta insistencia, se consultó a especialistas en la materia y todo quedó igual que antes.

El tiempo que ha seguido ha ido borrando esta huella a tal punto que los que ayer creían e impulsaban estas ideas en la actualidad ya no están en la escena, no son actores capaces de implementar alguna medida, y los nuevos actores ni del nombre se recuerdan. Hoy, al escribir sobre estas cosas en Venezuela, de la que ha pasado menos de una década de su auspicioso entusiasmo, parece que se hablara de una nostalgia, de una añoranza, y existe la una sensación como si ya esto no existiera, que todo fue una moda o una fantasía, que ya pasó y que no se debe volver a mencionar. Esto, a la luz de la inmensa crisis de depresión económica que se vive, coloca al país en un verdadero límite de la insustentabilidad, en especial por el esquema de desarrollo seguido. Entonces, el tema se olvida y aquí no ha pasado nada.

Para qué hablar de las estructuras administrativas del gobierno que tendrían el deber de estudiar y proponer soluciones e implementar una estrategia en este sentido. El Ministerio del Ambiente, MARN, se debate en pugnas internas o tribales, con lo cual pone de manifiesto una incapacidad manifiesta para dar respuestas.

Lo lamentable de esta situación es que el mundo sigue girando, nadie se ha detenido a esperar que Venezuela resuelva sus problemas ambientales y miran angustiados cómo su deterioro se agudiza. El país no sólo se queda atrás sino que además pierde la brújula y las oportunidades que el tiempo no volverá a dar. Cada día se hace más patente que Venezuela no se dirige hacia un desarrollo sustentable, lo hecho hasta ahora, lejos de acercarse a estas ideas, se aleja de ellas.

Dos ejemplos: la contaminación urbana e hídrica

Un par de ejemplos puede ilustrar esta perniciosa desviación. El primero es el relativo a la contaminación urbana e industrial, producto del desordenado y caótico esquema de ocupación del territorio implementado, del que no es difícil pensar que en el futuro cercano logrará frenar incluso al crecimiento económico, cuando lo haya, y que tendrá como graves consecuencias derivadas aquellas relativas al sector salud y al deterioro de los propios recursos naturales, incrementando la degradación ambiental.

Es decir, el deterioro de las condiciones del ordenamiento urbano e industrial del país llevará a un aumento de los gastos de salud, de la mortalidad, baja de la calidad de vida y deterioro en las condiciones de vida de los pobres y disminución de la producción de aquellos sectores más cercanos a la utilización de los recursos naturales, dejando como saldo una pérdida irrecuperable de la biodiversidad biológica, tan apreciada y buscada por los países desarrollados.

Hay algunos personeros oficiales que en sus declaraciones públicas piensan que estas cosas no cuestan nada, que es el costo social de un cambio radical y que sólo hay que echarle para adelante y después veremos. A ellos es bueno recordarles uno de los primeros principios del desarrollo sustentable cual es que todo lo que crece con mayor rapidez que sus respectivas tasas de reposición es insustentable.

En forma más pragmática también convendría decirles que lo realmente costoso es el hambre del pueblo y que con su actitud y acciones se convierten en los cómplices de la grave situación de hambre que sufre y sufrirá el país al ser cada vez más insustentable.

El segundo ejemplo es el de los recursos hídricos. En la Conferencia de Río ya aludida, se aprobó el precepto del manejo del agua debe respetar "la ordenación integrada de los recursos hídricos basada en la percepción de que el agua es parte integral del ecosistema, que es a la vez un recurso natural y un bien social y económico". Esta decisión claramente refleja el consenso mundial que prevalece para abandonar enfoques pasados que se han centrado sólo en la problemática de las fuentes de agua, privilegiando a tan sólo uno de los factores de la ecuación económica, la oferta, controlada y administrada por el Estado. Aquí se refleja casi todo lo dicho anteriormente para el caso de la sustentabilidad de Venezuela.

Las tendencias modernas del manejo de agua hoy en día dan preferencia al otro factor de la ecuación, a la gestión de la demanda, es decir, al estudio económico, a la superación de la problemática del mercado del agua, a subsanar las deficiencias crónicas de la gestión del Estado y a buscar las tecnologías necesarias para su mejor ordenamiento, entre las cuales se puede mencionar un marco conceptual más amplio que incorpore a todos los sectores involucrados –todos somos dueños del agua, no así el Estado-, y conservando al ambiente –del que tampoco es dueño el Estado y sí lo somos todos como comunidad-. Además, se deben definir las responsabilidades financieras, la descentralización del servicio a mayores niveles que los simplemente resultantes de las variables políticas, mejorar la calidad del agua, preocuparse por la salud y por objetivos sociales financieramente viables.

Lo peor de todo esto es que desde Marzo de 1995 se transformó el Fondo para el Medio Ambiente Mundial de las Naciones Unidas en un mecanismo permanente de financiamiento para los países en desarrollo con el fin de proteger el ambiente en un contexto del desarrollo sustentable, con respaldo gratuito para la seguridad ambiental planetaria al integrar al ambiente mundial y el desarrollo nacional en la vía de la sustentabilidad, alentar la transferencia tecnológica y ecológica y para reforzar la capacidad de los países n su protección del ambiente. Venezuela no ha presentado un solo proyecto a este Fondo.

AMBIENTE Y CONCIENTIZACIÓN EN PAULO FREIRE

INTRODUCCIÓN

Paulo Reglus Neves Freire (1921-1997) nació en Recife, capital del Estado brasileño de Pernambuco, una de las regiones más necesitadas de todo el continente latinoamericano. De ahí vino su interés por la problemática de la pobreza y, muy especialmente, por la educación de los pobladores, para quienes creó o intentó desarrollar un sistema de aprendizaje que, aunque pensado para los pobres, pudiera ser implementado en todos los niveles de educación, y cuya diseminación y aplicación lo llevaría a la cárcel en Brasil en dos oportunidades. Por sus logros, se le considera el educador más reconocido del siglo XX.

Las bases de su sistema educativo se encuentran en un proceso que propone concentrarse en los alumnos y en sus condiciones de vida. En este sentido, el supuesto básico del sistema descansa en dos situaciones que inserta como parte del proceso de aprendizaje: (1) su propia y particular realidad, lo que en términos más claros significa identificar su contexto social, laboral (quién trabaja) y opresor (quién se beneficia del trabajo) y, (2), entender su situación como parte de un proceso de liberación social. Además, extrajo de sus vivencias infantiles las ideas en torno a la comunicación, en el sentido de hablar con los interlocutores mediante una conversación y escucha activa. (Freire, 1978: 2).

De su experiencia laboral en la época juvenil, entiende la importancia de integrar a todos los actores involucrados en una situación social en el proceso educativo y cultural que se promueve. Además, captó el peso que tiene la inclusión de la responsabilidad individual y colectiva en la superación de las dificultades que se presenten en el proceso educativo. En términos de Freire, esto era "integrar al trabajador en el proceso histórico", así como también "alentarle a organizar personalmente su vida en la comunidad" (Freire, 1959:17). Así comenzó el proceso de la concientización que modificaría su sistema para transformarlo luego en un método, como lo expresa Gerhardt (1999).

Esta presentación se centra en el proceso de la concientización, tratando de dar luces acerca de los factores y definiciones que intervienen, formular un modelo de aplicación más general a la resolución de problemas comunitarios, y de aplicarlo en dos casos venezolanos, ambos destinados a lograr una concientización en el campo ambiental: una efectuada a nivel de gestión municipal (1997-1999) y otra a nivel comunitario en la cuenca del río Mamo, Estado Vargas, intervención hecha con miras a establecer una gestión de riesgos y de desastres naturales.

EL PROCESO DE LA CONCIENTIZACIÓN EN FREIRE

Para Freire (1973:13-14), la concientización fue siempre inseparable de la liberación. Y la liberación se da en la historia a través de una praxis radicalmente transformadora, y debe ser entendida como un "método pedagógico de liberación de campesinos analfabetos", aunque se puede

41

generalizar a todo tipo de enseñanza y a todo tipo de sociedad, pobre o desarrollada.

El proceso se caracteriza por el diálogo franco; la liberación que produce la concientización exige una desmitificación total; como lo señala Freire, "el trabajo humanizante no podrá ser otro que el trabajo de la desmitificación. Por esto mismo, la concientización es la mirada más crítica posible de la realidad, y que la desvela para conocerla y conocer los mitos que engañan y que ayudan a mantener la realidad de la estructura dominante" (1973: 39).

Siendo Coordinador nacional de la campaña de alfabetización en el Movimiento de Educación Popular, Freire estaba muy consciente de los problemas que podría enfrentar la aplicación nacional de su método o de cualquier otro que partiera, como el suyo, desde estas bases. Como expresó Gerhardt (1978), los escasos resultados alcanzados en la campaña experimental realizada en Brasilia le mostraron el dilema de que la "acción cultural para la libertad" era difícil de aplicar en un sistema de educación administrado por el Estado. La segunda oportunidad de Freire para hacer realidad sus sueños sólo llegaría 25 años después y volvería a plantearle el mismo dilema, como se verá más adelante.

En síntesis, el proceso de la concientización comporta varias fases por las que pasa el oprimido en su esfuerzo liberador hacia la toma de conciencia. Lo importante, al seguir las ideas de Freire, es observar críticamente la realidad y el proceso histórico en que opresores y oprimidos —cuando colaboren sinceramente en el cambio de esta opresión—, se reconocen y se comprometen. Se trata, entonces, en términos amplios, de resolver el conflicto de quienes desean ser sujetos libres y participar en la transformación de la sociedad. Visto así el proceso, esta metodología sería válida para todo tipo de opresión, sin restricción de sexo o clase social, y la opresión puede ser también de cualquier tipo, no sólo económica. Se trata de colaborar para recuperar lo auténtico y la integridad del ser.

Las fases que planteó Freire en el proceso de concientización son tres: la mágica, la ingenua y la

43

crítica. En cada una de ellas, el oprimido define sus problemas, luego reflexiona sobre las causas y, finalmente, actúa; es decir, cumple con las tareas concretas que supone la realización de los objetivos liberadores.

En la *fase mágica*, el oprimido se encuentra en situación de impotencia ante fuerzas abrumadoras que lo agobian y que no conoce ni puede controlar. No hace nada para resolver los problemas. Se resigna a su suerte o a esperar que ésta cambie sola.

En la *fase ingenua*, el oprimido ya puede reconocer los problemas, pero sólo en términos individuales. Al reflexionar sólo logra entender a medias las causas. No entiende las acciones del opresor y del sistema opresivo. En consecuencia, cuando pasa a la acción, adopta el comportamiento del opresor. Dirige su agresión hacia sus iguales (agresión horizontal) o a su familia y, a veces, hacia sí mismo (intrapunición).

En la *fase crítica*, se alcanza el entendimiento más completo de toda la estructura opresiva y logra ver con claridad los problemas en función de su comunidad. Entiende cómo se produce la colaboración entre opresor y oprimido para el funcionamiento del sistema opresivo. Reconoce sus propias debilidades, pero en lugar de autocompadecerse, su reflexión lo lleva a aumentar su autoestima y confianza en sí mismo y en sus iguales, y ya puede rechazar la ideología del opresor. La acción que sigue en esta fase se basará ahora en la colaboración y en el esfuerzo colectivo. Ahora, reemplaza la polémica por el diálogo con su comunidad e iguales. En este momento, se podría decir que el oprimido es un ser activo que hace la historia. La identidad personal y la étnica o la de su cultura, pasan a llenar el vacío que ha dejado la ideología del opresor.

Es claro que este esquema no es igual en todos los casos y no se siguen al pie de la letra las tres fases descritas, sino que se produce una combinación de ellas, dependiendo del problema opresivo de que se trate o de los momentos más críticos que se viven. Aquí resulta importante entender que en este proceso interactúa la variable cultural de la comunidad, especialmente en lo relativo a la visión de mundo o la autenticidad que se tenga en los individuos, la que puede resultar difícil de superar y que Freire (1971:200) explica diciendo: "cuando más se acentúa la invasión cultural, alienando el ser de la cultura de los invadidos, mayor es el deseo de éstos por parecerse a aquellos".

En definitiva, la búsqueda que conduce al conocimiento crítico y a la liberad es definida por Freire en su libro *Pedagogía del oprimido* (1971:43-44) en forma sucinta de la siguiente manera: "La libertad, que es una conquista... exige una búsqueda permanente... que sólo existe en el acto responsable de quien la lleva a cabo... La necesidad de superar la situación opresora... implica el reconocimiento crítico de la *razón* de esta situación, a fin de lograr, a través de una acción transformadora... la instauración de una situación diferente, que posibilite la búsqueda de ser más.

EL MODELO DE LA CONCIENTIZACIÓN DE FREIRE

La formulación del modelo de concientización surgió al plantearse un Programa de Concientización Ambiental (PCA) entre 1997-1999, en el cual se descodificaron por primera vez estas ideas de Paulo Freire, y del cual no se tenían referencias de alguna aplicación a la solución de problemas de este tipo.

De acuerdo con las ideas de Freire ya revisadas, se elaboró un diagrama especial (Cuadro 1), en donde se presenta su descodificación, tanto en términos de entender el proceso como de las intervenciones que se pueden plantear. Se presentan dos columnas. En la primera, se visualiza el proceso de desarrollo de la conciencia en su condición normal, y en la segunda columna se muestran las intervenciones que se concibieron para cambiar la condición normal y obtener los productos finales, mejorados, luego de cada intervención, las que en definitiva llevarían a una situación de conciencia crítica.

La primera columna corresponde al proceso normal de adquisición de conciencia de una persona, empírico, y en condiciones normales. Esto significa que a una persona, usualmente, a partir del contacto con los hechos, fenómenos o realidad objetiva que la rodea, le surgen ideas y conceptos. Esta identificación pura y directa de la *esencia* de una cosa le permite darse cuenta y disponerse a crear y a transformar, es decir, a actuar. No obstante, este estadio del proceso es incompleto si no se concreta mediante la acción materializada.

Con este punto de partida, se inicia la estrategia del modelo, en el sentido de incidir y activar los procesos fundamentales para ir configurando la formación de conciencia, y de esta manera ir obteniendo objetivos parciales que conducirían, posteriormente, a obtener una concientización ambiental.

En la segunda columna se indica la estrategia diseñada para intervenir en el proceso antes descrito. Las intervenciones que se practican aquí van dirigidas a alcanzar, progresivamente, por una parte, la superación de las etapas de conciencia normal, hasta llegar a la adquisición de la conciencia crítica sobre las imbricaciones de lo ambiental con las actividades económicas, políticas, sociales y culturales; y, por la otra, a impulsar un proceso de sinergia entre los actores, que se concrete en una propuesta de trabajo común para solucionar el o los problemas ambientales que los actores consideran prioritarios. La adición sucesiva de estas intervenciones daría, al final del proceso propuesto, el grado de conciencia crítica ambiental deseable de los actores para poder resolver los problemas.

Entre las distintas intervenciones propuestas en el PCA, se pueden mencionar las siguientes:

• *Intervención orientada*
   Destinada a incidir en la motivación de los actores por el valor del tema ambiental, para el individuo y para la localidad.
   Esta incide en el proceso de apreciación de su realidad objetiva y cultural.
   El producto esperado aquí es un cambio o reforzamiento de la sensibilización o idea primigenia sobre el ambiente.
• *Intervención estructurada*
   Incide en la forma tradicional de enfrentar las realidades ambientales.

El producto esperado es un nivel o modo adecuado de representación de su realidad ambiental.

- **Intervención de orientación**

    Es la forma de objetivar la realidad ambiental.

    Incide en la aptitud para obtener las causas reales de las situaciones ambientales que observa y vive.

    El producto esperado es un conocimiento objetivo de su situación ambiental.

- **Intervención de inducción**

    Induce a la valoración de la organización social cogestionaria en pro del ambiente.

    Incide en la capacidad de crear y transformar.

    El producto esperado es la conformación formal de un equipo líder que promueva y ejecute un futuro Convenio Ambiental Municipal para la acción.

- **Intervención concreta**

    Para concretar cambios en el entorno.

    Incide en los procesos para estructurar y concretar acciones orientadas a la solución de situaciones reales relacionadas con las necesidades sentidas de sus habitantes.

    El producto esperado es la solución de uno o varios problemas ambientales.

- **Intervención de apoyo**

    Incide en el rescate de los valores por la promoción socio-ambiental, la credibilidad en los procesos de democratización, y los procesos de cogestión ambiental.

    Incide en el rescate de la autoestima personal y social.

CUADRO 1
MODELO DE CONCIENTIZACIÓN AMBIENTAL
ESQUEMA TEÓRICO

PROCESO DE ADQUIRIR CONCIENCIA EN LA PERSONA. FENÓMENO EMPÍRICO

INTERVENCIÓN EN EL PROCESO DE CONCIENTIZACIÓN

REALIDAD AMBIENTAL

ENFRENTAR LA REALIDAD AMBIENTAL

IDEAS Y CONCEPTOS

NUEVO CONCEPTO DE AMBIENTE

PERCIBE LA REALIDAD

ANALIZAR –INVESTIGAR- OBJETIVAR-ORGANIZAR BUSCAR ORIGEN DE LOS HECHOS

REALIDAD AMBIENTAL INTEGRAL

ADQUIERE CONCIENCIA

PROBLEMAS Priorizados

EXPLICAR, INTEGRAR Y SINTETIZAR LA REALIDAD CREAR RESPUESTAS MODIFICATORIAS

CAPACIDAD DE CREAR Y TRANSFORMAR

CONCRETAR ACCIONES PLAN DE ACCIÓN

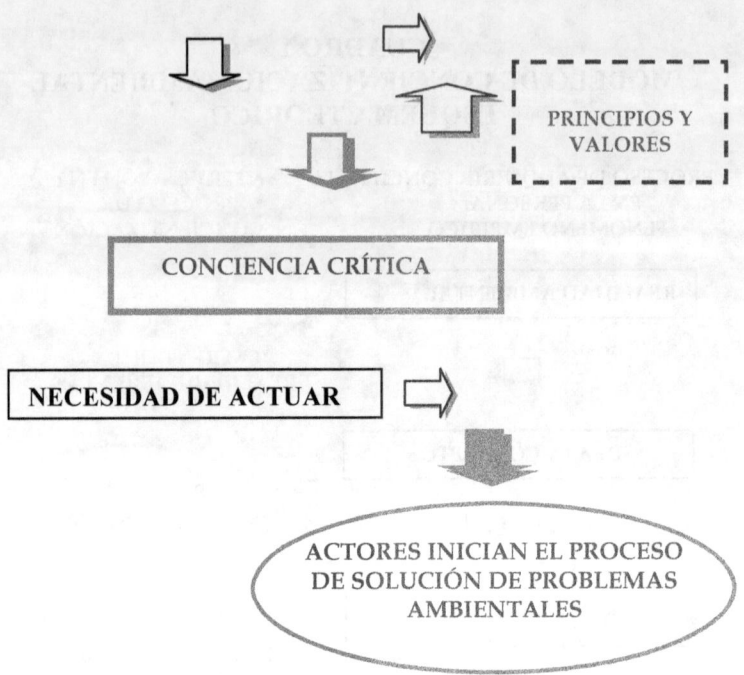

El modelo se debe considerar como una actividad programada que pretende contribuir a reforzar la formación ambiental y de gestión de los actores sociales de una localidad. El Objetivo central del Modelo es lograr la concientización en materia ambiental a representantes de las organizaciones públicas, privadas, ONG, individuos y organizaciones comunitarias promovidas para que asuman el proceso y se dediquen a multiplicarlo, a implantarlo y a apoyar a las comunidades en acciones concretas de prevención y conservación ambiental.

La actividad con los actores se realiza a través del análisis vivencial de su situación ambiental y del desarrollo de un proceso dialogal en una relación horizontal entre facilitadores preparados y participantes, a partir de lo cual los actores empiezan a enunciar sus propias realidades, a aprehender las relaciones e interdependencias y a crear una disposición de ánimo especial para que, de manera individual y colectiva, obtengan y mantengan relaciones adecuadas con los diferentes elementos que integran el ambiente del municipio. El instrumento o medio para realizar la concientización es la información ambiental.

El método que se propone es el activo y de espíritu crítico. Nace de una matriz crítica y genera crítica. Se nutre de la empatía, humildad, esperanza, fe y confianza. La información se proporciona de tal forma que requiere de los participantes la reflexión constante.

La premisa esencial de la concientización es la de establecer un creciente sentido de control de su actividad como ser humano, la cual se desarrolla conforme aumenta la comprensión social que acompaña el conocimiento de su ambiente y la utilización de este insumo para analizar las posibilidades de cambio y de solución de los problemas ambientales.

Los principios que sirven de orientación al modelo se sustentan en la teoría de la concientización de Freire, la cual está íntimamente relacionada con los objetivos y principios de la educación ambiental. Estos principios son los siguientes:

• Hacer participar a los actores en la organización de sus experiencias de aprendizaje y darles la oportunidad de tomar decisiones y asumir responsabilidades.
• Establecer una relación, entre la sensibilización por el ambiente, la adquisición de conocimientos prácticos, la actitud para resolver problemas y la clarificación de valores en torno a él.
• Ayudar a que los actores descubran los efectos y causas reales de los problemas.

• Subrayar la complejidad de los problemas ambientales, desarrollar el sentido crítico y las aptitudes de los actores para resolver estos problemas.

• Utilizar el método activo, dialogal y participante, según el siguiente esquema:

Fuentes esenciales para inducir la conciencia crítica

Las necesidades sentidas de los actores se consideran el punto de partida a través del cual se aglutinan los intereses de los actores y se activa el proceso de concientización ambiental. Se delinearon las siguientes necesidades afines al área ambiental:

Las necesidades del hombre

• Protección del ambiente.

• Conservación de la salud.

• Bienestar general.

• Utilidad de las cosas.

La necesidad intelectual, social y física

• El tema ambiental crea situaciones favorables que conjugan el impulso interior del individuo y las posibilidades del entorno.

La necesidad de democratizar la cultura

• La complejidad del tema ambiental permite abordar un proceso que significa un acto de creación que desarrolla la impaciencia, la vivacidad, la invención y la reivindicación.

La necesidad de captar el origen de situaciones concretas

• La apreciación de los nexos causales, permite que la captación sea tanto más crítica, cuanto más profunda sea la aprehensión de las correlaciones causales y circunstanciales.

La necesidad de identificar las condiciones de la realidad

• La integración del individuo a su espacio y tiempo le ayuda a reflexionar sobre su vocación como sujeto activo.

La necesidad de comprender o darse cuenta.

• Luego de captado el desafío, comprendido, admitidas las respuestas hipotéticas, el hombre actúa. La naturaleza de la acción corresponde a la naturaleza de la comprensión.

Este modelo fue aplicado en los dos casos que se presentan más adelante. Es importante señalar que los contextos de ambos, en donde se aplicó el modelo, son diferentes y los productos finales no son comparables, aunque obviamente tienen puntos en común, razón por la cual el análisis de los resultados se centra en los cambios obtenidos en el proceso de toma de conciencia, que es el punto central de este trabajo.

EL PROCESO DE LA CONCIENTIZACIÓN

Este proceso se resuelve a través de las siguientes fases:

• *La primera Fase es la Motivación o sensibilización,* que tiene como propósito la presentación de la oferta (programa, proyecto), obtener retroalimentación y la integración voluntaria de los miembros a los grupos locales que se proponen.

• *La segunda fase es la capacitación,* con diseños que se estructuran con base en el contexto y en la materia a afrontar (por ej.: ambiental o gestión de riesgo).

• *La tercera Fase es el Diagnóstico,* que parte del análisis situacional que realizan los técnicos y que corroboran y actualizan en campo los miembros del grupo local, con asistencia técnica de los facilitadores que los capacitan.

• *La cuarta Fase es la de estructuración de la gestión,* mediante la cual se gerenciará la solución del problema o el proceso de mitigación del mismo.

• *La quinta fase es la Formulación de los proyectos.*

Todas las fases son importantes; sin embargo, especial peso tienen la primera y la tercera, porque han sido la columna vertebral de la intervención y, además, son transversales al resto de las fases.

LA APLICACIÓN DEL MODELO
CASO 1. EL PROGRAMA DE CONCIENTIZACIÓN AMBIENTAL (PCA)

El contexto sociopolítico en el cual surge el Programa de Concientización Ambiental (PCA) se remite a los años 1977, cuando el tema del ambiente concitó gran interés en el mundo y desde aquel entonces el Estado venezolano se alineó con él y, por ende, sus instituciones.

Por ello surge también una política ambiental en la industria petrolera y petroquímica, la gestión de la educación ambiental, en 1981. Desde entonces, la industria petrolera ejerció un doble rol: el de las actividades normales relacionadas con los hidrocarburos y de responder por la conservación y mejoramiento del ambiente en el cual realiza sus operaciones. En 1989, en convenio con el Ministerio del Ambiente y de los Recursos Naturales Renovables (MARNR), se incursiona en un proyecto educativo, ahora ampliando su alcance hacia poblaciones no vinculadas a sus actividades.

Con el devenir del tiempo, la situación global del país cambió. Los problemas ambientales se acentuaron; la industria petrolera inicia nuevas etapas productivas ampliándose hacia nuevas áreas, descentralizando sus actividades y otorgando concesiones. Incluso, su política hacia las comunidades cambió, favoreciendo el lema de "hacer con" la sociedad civil. PDVSA, como ente conductor de la actividad económica más importante del país, asumió el reto de liderar un programa que ayudara a controlar el deterioro ambiental y contribuir de esta forma a crear conciencia ambiental, a aumentar la participación ciudadana, a incentivar la gestión municipal y a darle, hasta donde fuera posible, viabilidad a la solución de los problemas del ambiente de Venezuela.

El PCA se consideró una acción destinada a contribuir a reforzar la formación de los actores sociales del Municipio y, en este sentido, se definió como una actividad programada que pretende contribuir a reforzar la formación de los actores sociales del Municipio. El objetivo del PCA era concientizar, educar y apoyar a las autoridades locales (Alcaldías, Municipios) a fin de que estas desarrollaran soluciones a problemas ambientales bajo el criterio de sostenibilidad ambiental, con la participación de los distintos sectores de sus comunidades.

En este sentido, el Programa arranca en 1997 con el estudio de la situación ambiental de los entonces trescientos treinta (330) municipios de todo el país, teniendo como objetivos específicos dilucidar esta problemática, desde la perspectiva de tres variables: los problemas ambientales, la gestión de los mismos y el proceso de concientización, todos a nivel de municipio.

En relación a la ambiental, los resultados del estudio para el año 1997 indicaron que el 41% de los Municipios tenía problemas ambientales y significativa afectación a los recursos naturales, principalmente degradación de los suelos, tala y quema de bosques y explotación indiscriminada de los recursos minerales, entre otros. El 21% presentaba problemas relacionados con la contaminación de las aguas, 17% con la infraestructura referente a recolección de basura, redes cloacales y drenajes; 17%, degradación de los valores culturales relativos a inadecuado mantenimiento urbano, degradación de los lugares de recreación y monumentos históricos y deficientes programas de educación ambiental y un 4%, problemas de contaminación atmosférica.

Los problemas ambientales más comunes eran el inadecuado sistema de recolección y disposición de basura (199 municipios), contaminación de cuerpos de agua (161 municipios), deforestación y destrucción de los hábitat de fauna silvestre (122 municipios en esa fecha), contaminación por descargas industriales sin tratamiento (84 municipios) y afectación de Áreas Bajo Régimen Especial (84 municipios).

En torno a la gestión ambiental, se consideraron 16 elementos a analizar, entre los cuales están: existencia de una política ambiental; existencia de planes, programas y presupuestos; ordenanzas municipales ambientales; definición de objetivos y/o metas ambientales; quién es responsable de la gestión; y existencia de un sistema de información ambiental. Solamente tres Municipios (3) tenían una gestión ambiental bien estructurada, la que incluía una política, planes, programas, objetivos, metas, ordenanzas municipales, un sistema de información ambiental y una instancia en la Alcaldía responsable de la gestión ambiental. Ocho (8) Municipios (2,4%) tenían una gestión ambiental medianamente estructurada; en doscientos noventa y uno (88%) la gestión ambiental se reducía a actividades puntuales, esporádicas, y en los restantes veintiocho (9,6%) Municipios no existía gestión ambiental.

En relación con la conciencia ambiental municipal de entrada, se definieron doce elementos que permitían analizar el grado de conocimiento, organización, participación y acciones. Estos elementos son: dimensión ambiental alcanzada en la programación municipal, programas de índole educativo-ambiental o afín, programas de información o divulgación pública, fortalecimiento de la organización formal ambientalista, mecanismos formales de concertación, nivel de integración de las ONG a la solución de problemas ambientales, número de ONG ambientalistas, programas ambientales de las ONG, financiamiento extramunicipal a programas de educación ambiental, programas preventivos o de contingencia, programas de resguardo de valores arquitectónicos, históricos o de belleza escénica, y designación y desarrollo de espacios naturales para esparcimiento y recreación.

La existencia de estos elementos de la conciencia ambiental en los municipios permitió agruparlos en tres categorías: con grado de conciencia bien estructurada (0%), medianamente estructurada (10%) e inexistente (90%).

Esta problemática de la situación ambiental de los municipios del país y que impactaba directamente la calidad de vida del venezolano, motivó a PDVSA a iniciar un Programa de Concientización Ambiental (PCA) en todo el país entre 1997-1999.

Los resultados de este diagnóstico indicaron que el nudo crítico estaba en la inexistencia de una conciencia ambiental. Por esta razón, se decidió que la intervención debería apuntar a revertir en grado de conciencia actual, para lo cual se diseñó una metodología de concientización ambiental que previniera o mitigara los problemas que tenían las comunidades. Dicho diseño se probó mediante un plan piloto en 4 municipios –Tinaquillo (Estado Cojedes), Valmore Rodríguez (Estado Zulia), Guanipa (Estado Anzoátegui) y Libertador (Estado Monagas), que se seleccionan en función de su ubicación y de actividades básicas. El PCA concluyó su plan piloto y, debido al cambio de gobierno, no se continuó al resto del país.

CASO 2. EL PROYECTO CUENCA DEL RÍO MAMO (Edo. Vargas, Venezuela)

Este proyecto se realizó durante 2007, con el fin de reducir el riesgo ambiental ante la amenaza de los eventos hidrometeorológicos que ocurren anualmente en la región y que han afectado de manera considerable algunas de las comunidades ubicadas en la Cuenca del Río Mamo, de la Parroquia de Catia La Mar, Estado Vargas. Aquí la intención era la de desarrollar una conciencia de riesgo y la capacidad de gestión que tienen los grupos sociales involucrados (Isaro, 2007), en conjunción con las instituciones locales (Protección Civil Municipal y Alcaldía); dicha experiencia fue promovida mediante Convenio entre la Corporvargas y Unión Europea a través del Programa de Prevención de Desastres y Reconstrucción Social (PREDERES).

En este caso, el proceso de concientización tenía como fin no sólo la problemática ambiental, sino también fortalecer las capacidades locales para enfrentar las situaciones de riesgo presentes en la cuenca. A diferencia del Caso 1, aquí se trabajó directamente con las comunidades, los actores sociales, y su fin era tener un plan de contingencia por comunidad, elaborado con base en un diagnóstico social participativo sobre las amenazas, vulnerabilidad y riesgos que enfrentan las comunidades de esta cuenca, elaborar proyectos que pudieran mitigar las amenazas y las vulnerabilidades de la población, además de poner en práctica, mediante un simulacro de un desastre natural, uno de los planes de contingencia elaborados.

Los aludes torrenciales de 1999 causaron una tragedia en el Edo. Vargas, y no sólo impactaron a las personas, sus bienes e infraestructura de servicios, poniendo de manifiesto muchas zonas de alto riesgo, sino que también afectaron al tejido social y de sus organizaciones, a tal punto que el estudio realizado por Corpovargas, en el año 2000, reporta que sólo el 8% de estas permanecían activas: unas 16. Ninguna de ellas poseía un plan de algún tipo, prevaleciendo una planificación espontánea, del día a día, guiada por actividades tradicionales (día de la madre, día del niño y otras). Su trabajo, por tanto, está disperso, fragmentado y de tiempo en tiempo, dispersando su energía y esfuerzos. En esta cuenca, el 65% de la población nunca ha participado en una organización comunitaria, aduciendo falta de tiempo disponible (53%), tampoco se evidencia la existencia de algún apoyo institucional en sus actividades o en materia de gestión de riesgos.

La cuenca, según PREDERES (2007), la habitan unas 12 mil personas, que ocupan 2470 habitaciones. Los datos socioeconómicos recogidos en los sectores Marapa, Piache I y II, indican que el 50% de la población tiene menos de 24 años, que entre 48,8% y 58,6% sólo tiene educación preescolar, y alrededor del 60% de los estudiantes no asiste a clases, debido principalmente a que trabajan, aunque el desempleo alcanzaba entre 50 y 70%, de lo cual no es difícil suponer que entre el 51,4 y 71,9% se encuentran en el estrato socioeconómico IV, con pobreza relativa.

La situación, en relación a la Gestión de Riesgo de la cuenca, era delicada: la única asociación conformada con este propósito estaba representada por un Comité de Riesgo local que sólo incluía miembros de dos comunidades Marapa–Piache, registrada y adiestrada por PREDERES. Su gestión era imperceptible y no poseía una gestión comunitaria de riesgo vinculada a Protección Civil Municipal (PCM); los vínculos que mantenían con los actores institucionales eran personales y puntuales. La comunidad manifestaba aprehensión hacia este Comité. Esto influyó tanto en el ánimo como en la disposición espontánea de los residentes para integrarse al Proyecto.

No estaban constituidas las organizaciones intermedias de los Comités Base de Riesgo de cada comunidad y un Comité de Cuenca que los agrupara; en consecuencia, la Red de Gestión de Riesgo (PCM-Comités Base-Comité de Cuenca) no estaba formada. La percepción de riesgo de los habitantes de las comunidades era alta, pero la formación hacia la prevención era baja. El 50% de los pobladores condicionaba su participación al proyecto si mediaba una remuneración o retribución material o financiera. La Gestión de Riesgo de la instancia rectora (Protección Civil Municipal - PCM) no tenía un programa estructurado para la constitución de las organizaciones comunitarias de gestión de riesgo, para la capacitación, asesoría y asistencia a los pobladores. Similar situación se evidenció en la Alcaldía de Vargas.

La estrategia de intervención contempló cinco pasos esenciales:

1) Conformación de la estructura organizativa para la intervención en la Cuenca de Mamo. Su objetivo específico era constituir un equipo de trabajo con Protección Civil Municipal (PCM)-empresa ISARO, que facilitara el establecimiento de la red de gestión de riesgo en la cuenca. Con este equipo se analizó el enfoque del proyecto y se definió la estrategia para la intervención en la Cuenca de Mamo.

2) Integración de la estructura organizativa ISARO-PCM-Comité de riesgo el Iarapa-Piache para la intervención en la Cuenca de Mamo. Esto incluyó intercambio inicial con líderes comunitarios u organizaciones contactadas. Su objetivo específico era el promover el proyecto y reconocer la

receptividad del proyecto entre los actores influyentes o líderes naturales de la comunidad, principalmente los integrantes del Comité de Riesgo. Fue éste un proceso lento y con interferencias que, a la vez, sirvió de mitigación.

3) Información. Lo que consistió en crear las condiciones que hicieran viable el proceso de capacitación y asistencia técnica de los grupos vecinales dispuestos a integrarse como comités de base.

4) Motivación. En este paso, se definieron los productos a obtener, se concretó la inscripción voluntaria de los residentes dispuestos a conformar los equipos de trabajo por sector, conjuntamente con miembros de las organizaciones comunales.

5) Capacitación, lo cual incluye las dinámicas de motivación, integración y refuerzo y la realización de los siguientes talleres: Integración, Gestión de riesgo, Ambiente, Desechos sólidos y aguas residuales, PCM: Seguridad en el hogar, Primeros auxilios y Rescate básico, y Formación de promotoras.

El objetivo final de los talleres era el de detectar los problemas por parte del grupo base de riesgo y ambiente; en esta actividad, el PCM daba asesoría y asistencia específica y la empresa Isaro daba asesoría técnica. Con estos elementos se formularon los proyectos para solucionar los problemas, tanto para la cuenca como por comunidad. Asimismo, se preparó el diagnóstico de riesgo por comunidad, el Plan de contingencia y se diseñó una simulación de la emergencia. Finalmente, todo el sistema se puso a prueba al efectuarse un simulacro por comunidad, que daba testimonio de los cambios que se habían producido en las comunidades y los disponía positivamente ante un futuro desastre.

Con base en la situación descrita anteriormente, los objetivos de esta intervención se centraron en la conformación de las instancias comunales en gestión de riesgo y ambiente, en la integración de las mismas a las instancias públicas rectoras en estas materias y en el fortalecimiento de los procesos incompletos relativos a la red de gestión de riesgo y ambiente, mediante la capacitación, asesoría, asistencia técnica y la creación de mecanismos que tendieran a su sostenibilidad. Al igual que en el caso anterior, aquí se plantearon las mismas etapas de trabajo, adaptadas a la problemática de gestión de riesgo y ambiente.

RESULTADOS

Modificaciones en las ideas, conceptos y formas de percibir la realidad.

PERCEPCIÓN DE ENTRADA	CAMBIO CON LA INTERVENCIÓN
1. Percepción del ambiente y de sus problemas	
La concepción del ambiente era parcelada y no se consideraba al ser humano como elemento integrante del mismo. No establecían las interrelaciones de los elementos que conforman los subsistemas naturales y el social del ambiente.	Se obtuvo una nueva forma de objetivar la realidad.
Dificultad para diferenciar lo que es problema, sus causas y de poder conceptuarlos como tal.	Aprecio de la importancia que tiene la constatación y opinión técnica para poner en perspectiva los preconceptos. En la cuenca del río Mamo, el preconcepto o problema percibido eran las lluvias y las crecidas del río; luego de la intervención, se percataron del factor asentamiento de la población en la planicie inundable del río Mamo.
Manejo de falsas ideas sobre los problemas por menosprecio al conocimiento científico.	En el PCA la conformación de los grupos locales era por municipio, y sus miembros provenían de todos los sectores de la comunidad. En Mamo, los Comités base

	de riesgo eran conformados por miembros de la comunidad y representantes.
2. Organización social	
Baja valoración de la organización social como instrumento, mecanismo de influencia para gestión comunitaria y pública.	Valoración de la integración voluntaria y consciente de esfuerzos individuales para movilizar la cogestión y mediante redes de trabajo para la mitigación de los problemas.
3. Adquisición de compromisos	
Los actores involucrados en las situaciones o problemas no convergían en el abordaje conjunto de la situación problema. Las acciones eran aisladas y desvinculadas.	Se da una percepción sistémica de la realidad ambiental de la cual forman parte y como derivación razonan la multicausalidad de los problemas. En la Cuenca del río Mamo, los vecinos de las comunidades consciente y voluntariamente asumen el compromiso de constituirse en Comités Base de Riesgo. Protección Civil Municipal, como instancia rectora, los reconoce, juramenta y legaliza. Con ello, se consolida la red de Gestión comunitaria de Riesgo.
4. Desarrollo de respuestas	
Intervenciones de los actores en la situación ambiental	En el PCA, el grupo local de cada municipio diseñó el

eran actividades puntuales y esporádicas que no influían en las causas reales de los problemas.	Programa ambiental local, dirigido a la solución de los problemas prioritarios. Los programas contaban con recursos concertados entre los actores del Grupo Local. Se adquiere conciencia de los problemas, se priorizan, se dan cuenta de su capacidad para crear y transformar, sienten la necesidad de actuar y en consecuencia concretan las acciones en un plan de acción. El Comité de la Cuenca de Mamo formula proyectos orientados a mitigar el riesgo, por ej., el Centro de información y servicios en gestión de riesgo y ambiente, cuya planta física la aporta la comunidad y el equipamiento lo obtienen por donaciones.

5. Grado de conciencia alcanzado por las instituciones promotoras o vinculadas a los proyectos

La integración de las comunidades a la gestión de riesgo y ambiente de las instituciones locales era tangencial y puntual.	Las instituciones asumen los procesos, tanto en el PCA como en el Proyecto Mamo, y lo integran a sus programaciones. Las instituciones designan contrapartes enlaces de las agrupaciones constituidas, las relaciones se pautan mediante programaciones de mutuo acuerdo.

6. Desarrollo de las culturas locales	
En Proyecto Mamo se evidencia una cultura premoderna, individualista, conflictiva, oportunista. Contexto político se interpone en el Programa, con obstrucción.	En Mamo no se modificó significativamente la conducta de entrada, complicando la concresión de Proyectos. El contexto político alentó esta irregular situación.

CONCLUSIONES

Se debe destacar, en primer lugar, el logro de Freire al concebir un sistema de educación y una filosofía educativa de amplia aplicación en América Latina. Su interés educativo se centró en las posibilidades humanas de creatividad y libertad, en medio de estructuras político-económicas y culturales opresivas. Su objetivo de descubrir y aplicar soluciones liberadoras, por medio de la interacción y la transformación social, lo llevó al proceso de concientización, en virtud del cual el pueblo alcanza una mayor conciencia, tanto de la realidad sociocultural que configura su vida como de su capacidad para transformar esa realidad.

No obstante, Freire trabajó en culturas educativas específicas y particulares, por lo que existe la idea de que sólo desarrolló partes de su teoría, las pertinentes a la situación social de esos casos y sólo existe una síntesis que se refiere a dichas culturas (Jarris, 1987).

Al regresar a Brasil en 1980, Freire pronto volvió a asumir una responsabilidad política, presentándose como candidato del PT y, como en otra época, asesorando a las secretarías de educación de numerosas ciudades del Brasil, a raíz de lo cual se creó en él un escepticismo sobre la posibilidad de superar las tendencias sectarias que existían en esos gobiernos y partidos, tanto en la derecha como en la izquierda. (Freire, 1991: 32).

En las elecciones municipales de 1988, el Partido de los Trabajadores obtuvo la mayoría en la ciudad de São Paulo. La nueva alcaldesa, Luiza Erundina de Sousa, nombró a Freire Secretario de Educación, el 3 de enero de 1989 (Freire, 1991b). Freire dimitió dos años después, el 27 de mayo de

1991, para reanudar sus actividades universitarias, conferencias y para escribir.

El Partido de los Trabajadores perdió las siguientes elecciones municipales de noviembre de 1992. En unos comicios libres, un ex alcalde de São Paulo durante el régimen militar obtuvo la mayoría de votos de una población compuesta principalmente por trabajadores, una cuarta parte de ellos desempleados y de clase media. Aquí surgió la pregunta más crítica al modelo: ¿Cómo pudo el proceso de concientización llegar a tal insuficiente resultado tras algunos años de administración de la educación con el método Freire, dirigido por el mismo autor? Carlos Torres (1991: 36) al hacer este balance, analiza la situación de forma aguda, la que puede servir de explicación general para este tipo de actividades:

> Con gran frecuencia, la competencia técnica en el contexto de reformas educativas políticamente viables y finalmente realizables se contrapone con los principios éticos derivados de las creencias de justicia social y equidad para todos en el contexto de las democracias políticas y económicas. En ocasiones los proyectos de reforma viables políticamente, basados en una ética de simpatía democrática, carecen de competencia técnica, lo que hace inevitable el fracaso. Por último,

proyectos competentes técnicamente y correctos éticamente pueden no ser fáciles o viables políticamente y permanecer en el reino de las ilusiones, los sueños o el inconsciente de profesionales, maestros y políticos.

Como 30 años antes, en Recife, la educación popular desarrollada dentro de los límites de instituciones del Estado no consiguió un resultado fructífero. Ello se debió, esencialmente, según opinión del consultor de UNESCO, Heinz-Peter Gerhardt (1999: 11), en 1989, "a las divergencias ideológicas dentro del partido gobernante, a las dificultades que plantean las relaciones de trabajo entre el sector público y los movimientos sociales, a los conflictos inevitables entre la reforma económica y una superestructura que no ha cambiado (Secretaria Municipal de Educaçao), y a la necesidad de reinventar el poder (Municipal de Educaçao)".

Tal vez sea oportuno, también, ampliar esta explicación sobre el proceso de la concientización, esa forma de educar la capacidad humana de preguntarse y cuestionarse sobre las cosas, al decir que ésta puede entrar en conflicto con las costumbres personales, del grupo de que se trata o de la sociedad toda; vale decir que las considera como normales, incluyendo en esta normalidad desviaciones o perversiones (por ej., juegos, mañas y otras similares), así como también con las normas y leyes que no parecen ser justas desde el punto de vista de la conciencia tradicional de una persona o de un grupo, porque el sujeto lo considera más importante que aquella norma (por ej., apoyar la paz y no la violencia), así como también, en el ámbito más cotidiano, el no seguir los tratamientos médicos, sin mayores justificaciones.

Estos interrogantes, sumados a los de tipo social e histórico de los procesos similares ocurridos en los ex-países socialistas, en los cuales esta conciencia no se evidencia, llevan a poner en el tapete de discusión la función de la razón y sus relaciones, base del sistema de Freire.

En este sentido, pareciera, como explica recientemente Gary Marcus (2004), que el cerebro funciona en dos niveles: uno, que procesa y almacena sólo la información recibida que le interesa al sujeto (descartando para siempre otra que no es de su interés), y, el otro, que se da al utilizar la lógica o la razón, que también tiene un límite (algo así como un ¡basta!) que lo coloca la existencia, los sentimientos y lo emocional. Pasado este límite, ya no opera la razón sino la libertad absoluta del individuo, independientemente de la responsabilidad, desmintiendo aquella creencia de que la libertad y la responsabilidad se encuentran relacionadas, asociadas, y que del acuerdo entre ambas se determinaría la conciencia.

La libertad es absoluta y arbitraria, más allá de lo legal, económico o social. Así, esa visión de la modernidad sobre la búsqueda de un creciente progreso que conlleva elevar al ser humano y en que la libertad y la responsabilidad son responsables de construir el cimiento social, a la luz de lo explicado parece desvanecerse. Es, en cierta forma, una nueva perspectiva de lo humano. Lo cierto parece ser que la razón sólo puede dar una simple representación de la realidad, una hipótesis de ella, por lo tanto es tautológica; vale decir, no genera conocimiento sobre lo humano (y que para el resto estarían la ciencia y la razón).

Cierto vitalismo, apriorismo, existencialismo e inmediatismo prevalecerían antes de la toma de conciencia, poniendo en entredicho o, para decirlo en palabras más llanas, el anacronismo de la reconocida reflexión de que el ser social determina la conciencia individual.

En los dos casos revisados, se cumplió la función de concienciar, los resultados inmediatos fueron muy favorables y con perspectiva de ampliarse al resto de las comunidades, como se observa en el texto, aunque   las coyunturas políticas debido a procesos electorales o a celos partidistas obstruyeron muchas de estas iniciativas, dejando la sensación en los colaboradores de que todo el esfuerzo y costos parecían muy limitados en el tiempo. Y así fue durante los años siguientes. Los problemas con el clima y los deslizamientos y escorrentías de las pequeñas quebradas de Mamo continuaron con su fuerza natural, causando nuevos períodos críticos para los pocos habitantes que quedaban. Sin embargo, siete años después de efectuada la experiencia relatada de Mamo, llegaron los mensajes de sus habitantes confirmando los problemas aunque relatando que gracias a la experiencia de concientización tenida, habían podido sortear los inconvenientes sin problemas.

Sirvan, estas valiosas enseñanzas y experiencias para el futuro. Igualmente, es oportuno efectuar en esta conclusión, un alcance institucional.

Este es que las reformas de las instituciones políticas tampoco parecen resolver los problemas del pueblo, si a ellas no se incorporan cambios en los modos de ser, de pensar y en las actitudes de los ciudadanos, esto es, en sus costumbres, ideas y, muy especialmente, en sus valores culturales, los cuales parecen depender más de los educadores, comunicadores y líderes locales que se lo propongan en este sentido, que de entes y autoridades políticas. Los hechos del presente y del futuro esperado o imaginado, como ya se ha dicho, parecen tender a dominar las actitudes y decisiones sociales en su accionar cotidiano. Por esta razón, se necesita estudiar más a fondo la cuestión de si se puede llevar a cabo una labor profunda de educación en el marco de instituciones privadas, estatales o de proyectos financiados por el Estado.

El análisis institucional de las formas en que las ideologías opresivas están incorporadas en las normas, procedimientos y tradiciones de las instituciones y de los sistemas todavía no está claro y es motivo de regresiones para el método.

REFERENCIAS BIBLIOGRÁFICAS

CORPOVARGAS (2005). Estudio socioeconómico de la población a ser reubicada en UPF2 Mamo. Edo. Vargas.

DEBISH J. y SCHULZ H. (eds) (1991). *Liberación y humanidad.* Ensayo sobre Paulo Freire. Munich. SPAK.

ECO-ED CONSULTORES (1997-1999). Programa de concientización ambiental (PCA). Convenio Flasa- PDVSA. Capítulo 5.

FREIRE, Paulo (1959) Educaçâo e Atualidade Brasileira. Recife. Tesis no publicada. Citada en: GERHARDT, Heinz (1978). *Sobre la teoría y la práctica de Paulo Freire.*

_____ (1971). *Pedagogía del oprimido.* Buenos Aires. Siglo XXI.

_____ (1973). *El mensaje de Paulo Freire.* Textos seleccionados por el INODEP. Fondo de Cultura Popular. Madrid. Ed. Marsiega.

_____ (1978). "La educación de adultos: ¿una actividad neutra?" *Educacao e Sociedade*. Brasil.

_____ (1991). *Los movimientos sociales están en marcha,* en: DEBISH J. y SCHULZ H. (eds) (1991). *Liberación y humanidad.*

GERHARDT, Heinz (1978). *Sobre la teoría y la práctica de Paulo Freire*. Frankfurt. Del Meno.

_____ (1999). "Paulo Freire". *Perspectivas* (UNESCO). Vol XXIII, No. 3-4, pp. 463-484. También en la web: www.ibe.unesco.org/publications/thinkersPdf/freires.pdf/

ISARO Consultora. A. (2007). Ejecución de una intervención en gestión de riesgo, educación ambiental y preparación de proyectos comunitarios en las comunidades de Mamo, en la Parroquia de Catia La mar. Informe a Corpovargas. Edo. Vargas.

JARRIS P. (1987). *Twentieth Century Thinkers in Adult Education*. U.K: Croom Helm, pp. 265-279.

JARRIS, P. (1987). "Paulo Freire", en: JARRIS P. (1987). *Twentieth Century Thinkers in Adult Education.*

MARCUS, Gary (2004). *The Birth of the Mind*. How a tiny number of genes creates the complexities of human thought. N.Y. Basic Books.

PREDERES (2007). Proyecto de prevención de desastres y reconstrucción social en el Estado Vargas. Expediente de ofertas del Proyecto Cuenca de Mamo. Memoria y Cuenta. Tomo II. Ministerio de Planificación y Desarrollo de Venezuela. Caracas.

TORRES, Carlos (1991). Socialismo democrático, movimientos sociales y política educativa en Brasil. La obra de P. Freire. (Mimeo. Cit. por Grehardt, H., 1999, p. 11, en la web).

EDUCACIÓN AMBIENTAL Y DESARROLLO SUSTENTABLE

Los acuerdos de la cumbre de la Tierra, en 1992, han puesto de manifiesto que no podrá haber futuro cierto si el ambiente se deteriora y destruye, porque esta es la base material de la vida. Igualmente ocurrirá si no se solucionan los problemas de la pobreza, sanidad, ignorancia o tiranías que persisten en el mundo actual. La construcción del desarrollo sustentable se efectuará entre las tensiones que se presentan entre estos campos de las necesidades humanas básicas, la competitividad, el comercio y una deseable información para todos los ciudadanos, políticos, líderes y responsables de la toma de decisión. El rol de la educación para un desarrollo sustentable es por tanto, el de contribuir a hacer todo esto posible. Educación y capacitación son factores determinantes para un aumento de la creatividad, racionalidad, solución de problemas y para las exigencias que imponen las complejas decisiones de orden cultural, social y tecnológico que trae consigo el desarrollo sustentable.

La nueva educación debe enfrentar dos grandes retos para poder lograr estos fines, (1) diseñar estrategias y programas que consideren a todos los actores susceptibles de formar -estado, familias, empresas, medios de comunicación, organismos internacionales y otros-, y a todos los canales de comunicación disponibles -escuelas, ONG, sociedad civil, medios de comunicación y otros-. Y (2) elevar la calidad del proceso educativo y de capacitación, especialmente referido a los ciudadanos, sectores económicos y jóvenes.

El centro motor del desarrollo sustentable reside en una educación que promueva un crecimiento integral para un ciudadano informado y comprometido -no pasivo-. La historia contemporánea muestra que sin la participación activa de todos los ciudadanos en la construcción y en la implementación de las decisiones no puede haber desarrollo social, cultural ni economice sustentable.

En este cambio que se propone es necesario desarrollar un conjunto de valores y conocimientos indispensables que permitan que el ciudadano entienda los códigos de esta transformación y a la vez, enfatizar que para mantener cohesionada a una sociedad durante este paso se requiere contar con una fundada base cultural.

Los conocimientos requeridos por el desarrollo sustentable n son otros que aquellos códigos culturales que hablan de un actuar racional, de la necesidad de resolver los problemas en forro integral, de tener la capacidad de autodeterminación para tomar decisiones, de poder aprender para enriquecer el espíritu, de tener una suficiente voluntad y habilidad para organizar y participar en la acción social en vez de aquellos que pregonan las costumbre la sumisión jerárquica, la acumulación mecánica de conocimientos, la actuación pasiva o favorecen el individualismo.

Por otra parte, el desarrollo sustentable se encuentra indisolublemente ligado a dos conceptos esenciales para una sociedad: paz y la democracia.

Los cambios preconizados no permanecerán y serán espurios si los ciudadanos no aprenden a resolver sus conflictos pacíficamente y en un contexto plural y de respeto a las decisiones.

Es interesante mencionar también la variedad de tipos de educación que han ido apareciendo -normalmente compartamentalizadas- tales como la educación cívica o ciudadana, surgida en los años setenta con el impulso de los organismos internacionales. A pesar de su valor específico y del hecho que algunas de estas orientaciones temáticas han tenido un considerable avance en muchos países, hoy parece que ninguna de ellas pudiera por sí sola tener la facilidad de lograr el conocimiento, destrezas y compromiso individual que requiere el desarrollo sustentable -bien sean relacionadas con la salud, recursos naturales, paz o derechos humanos-. Por esto, el cambio en la educación debería traer consigo una integración tanto de estas temáticas tratadas en forma específicas y separadas, como de las instituciones educacionales, de capacitación, métodos pedagógicos y mensajes, para así constituir una práctica educativa general que se oriente directamente con los objetivos del desarrollo sustentable.

En este esfuerzo deberá darse especial énfasis al aspecto ambiental por ser el centro estratégico del nuevo cambio conceptual. De ahí que sea necesario efectuar una reflexión profunda de los nuevos lineamientos, principios y contenidos que tiene la actual educación ambiental para lograr una visión más equilibrada en relación a la necesidad de proteger el ambiente y tomar en consideración los otros temas que se relacionan con el desarrollo humano. De acuerdo a las recomendaciones de Río-92, parece urgente que la educación ambiental refleje en forma más realista la difícil tarea que significa garantizar el uso racional del capital natural dentro del contexto de un crecimiento económico rápido y global.

El gran reto de adaptar la educación a los requerimientos del desarrollo sustentable implica una serie de factores, entre los que se encuentran su relación con la sociedad, las estrategias institucionales a realizar, los contenidos a impartir y los enfoques metodológicos a utilizar. Un análisis esquemático, comparativo, del sistema educativo tradicional y de la nueva

educación, siguiendo los lineamientos de UNESCO (1992),
se presenta en el siguiente cuadro.

LA EDUCACIÓN EN EL DESARROLLO SUSTENTABLE

Aspectos educativos	Educación tradicional	Nueva educación para el Desarrollo Sustentable
Relación con la sociedad	-Se considera gasto social, externo al sistema económico -La capacitación se considera un factor de la producción	Se considera inversión para el desarrollo -Orientación ciudadana
Estrategia institucional	-Períodos educativos limitaos en escuelas -Utiliza un solo canal educativo, la escolaridad -Educación centralista -Controlada por sindicatos o gremios de profesores	-Proceso de toda la vida -Utiliza múltiples canales: escuelas, empresas, medios de comunicación, comunidad -Descentralizada, con autonomía académica y especialistas -Controlada por comités académicos
Contenidos	-Énfasis en el conoc. puntual y en acumulación del saber	-Énfasis en conceptos y habilidad intelectual para saber y tomar decisiones
Enfoque	-Centrado en el profesor -Respeto a jerarquías -Enfoque monodisciplinario -Énfasis en competencia individual -Educación imitativa	-Centrado en el estudiante y creatividad -Estimula iniciativa y creatividad -Multidisciplinario -Énfasis en participación, colaboración y competencia en grupos -Busca descubrir y resolver problemas en grupos

Los productos que se esperan obtener de esta nueva educación están referidos a dos grandes áreas, la socio-cultural y la socioeconómica. En la primera se encuentran el lograr una mejora del potencial y creatividad humanos, la responsabilidad y participación como ciudadanos, eliminar las barreras culturales y políticas, permitir el desarrollo de una sociedad políticamente estable y pacífica, establecer nuevos enfoques que valoren la calidad, el cambio, la colaboración, la solidaridad y el mejoramiento del medio ambiente.

En el aspecto socio-económico se espera contribuir a producir una mejora del progreso técnico, reducir la pobreza, favorecer las innovaciones, aumentar la productividad, desarrollo del capital natural a través del uso inteligente de los recursos del ambiente, controlar el crecimiento poblacional, aumentar la competitividad nacional e internacional y favorecer la integración de las sociedades.

Lograr el desarrollo sustentable no es sólo cuestión científica o técnica, ni un asunto de legislación, incentivos económicos o lineamientos morales.

La importancia de los cambios culturales, económicos y políticos requieren del concurso de todos los grupos de la sociedad. En este panorama, la educación es el centro vital de estas ideas. Es la base para adquirir conciencia y sostener voluntades políticas, es el motor del necesario conocimiento científico y técnico y es crucial para la formación de valores, la adquisición de conocimientos, actitudes y para permitir que los ciudadanos puedan realizar su compromiso para construir un futuro sustentable.

www.ingramcontent.com/pod-product-compliance
Lightning Source LLC
Chambersburg PA
CBHW061514180526
45171CB00001B/172